# 中國地理繪本
## 廣東、廣西、海南

鄭度◎主編　黃宇◎編著　阿爾貝托・貝切里尼◎繪

U0064056

中 華 教 育

責任編輯　梁潔瑩
裝幀設計　龐雅美
排版　龐雅美
印務　劉漢舉

# 中國地理繪本

## 廣東、廣西、海南

鄭度◎主編　黃宇◎編著　阿爾貝托・貝切里尼◎繪

**出版 / 中華教育**

香港北角英皇道 499 號北角工業大廈 1 樓 B 室

電話：(852) 2137 2338　傳真：(852) 2713 8202

電子郵件：info@chunghwabook.com.hk

網址：http://www.chunghwabook.com.hk

**發行 / 香港聯合書刊物流有限公司**

香港新界荃灣德士古道 220–248 號荃灣工業中心 16 樓

電話：(852) 2150 2100　傳真：(852) 2407 3062

電子郵件：info@suplogistics.com.hk

**印刷 / 美雅印刷製本有限公司**

香港觀塘榮業街 6 號海濱工業大廈 4 樓 A 室

**版次 / 2022 年 10 月第 1 版第 1 次印刷**

©2022 中華教育

**規格 / 16 開 ( 207mm x 171mm )**

ISBN / 978-988-8808-63-2

# 目錄

※ 中國各地面積數據來源：《中國大百科全書》（第二版）；

中國各地人口數據來源：《中國統計年鑒2020》（截至2019年年末）。

※ ◎為世界自然和文化遺產標誌。

# 開放前沿——廣東

省會：廣州
人口：約 1.2 億
面積：約 18 萬平方公里

廣東省，簡稱粵，是嶺南文化的重要傳承地，在語言、風俗和歷史文化等方面都有着獨特的風格。改革開放後，廣東經濟騰飛，成了中國富庶的地區。

### 潮州廣濟橋
橫跨韓江，集石樑橋、浮橋、拱橋於一體，在中國橋樑史上別具一格。

### 醒獅
中國傳統獅舞的一種，在廣東十分流行，每逢重大節慶都會有醒獅助興。

### 丹霞山 ◎
與羅浮山、西樵山和鼎湖山並稱廣東四大名山，是地理學上丹霞地貌的代表之一。

### 燒龍
揭陽喬林鄉的傳統民俗活動之一，表演時整條龍火花四濺，非常壯觀。

### 佛山武術
佛山有「中國武術之城」的稱號，是武術大師黃飛鴻、葉問的故鄉。

### 英歌
漢族民間舞蹈的一種，流行於廣東潮州和汕頭一帶，表演形式分為前棚、中棚和後棚三部分。

### 廣州塔

### 港珠澳大橋
一座連接粵港澳三地的超大型交通基礎設施，是目前世界上最長的跨海大橋。

廣東

曉晴：
你能想像嗎？東北老家還在下雪，廣州居然到處都開着花！今天我登上了廣州塔，好高哇！我在塔上能看到很遠的地方。

子謙

## 地形地貌

境內多丘陵、山地，山脈多為東北—西南走向。

## 氣候

屬亞熱帶濕潤季風氣候，光照、熱量和水資源豐富。

## 自然資源

物種資源豐富，礦產資源較豐富，以有色金屬居多。

## 開平碉樓與村落

以開平用於防衛的多層塔樓式鄉村民居——碉樓而著稱，呈中西合璧的建築風格。

## 潮州花燈

工藝複雜，風格獨特，鄉土氣息濃厚。

## 潮州大鑼鼓

大鑼鼓與吹管樂器合奏，由鼓手指揮樂隊，演奏時氣勢十足。

廣州的長隆歡樂世界有許多刺激好玩的遊樂設施，深受小朋友們的喜愛，大人也能在這裏玩得很開心。

## 行通濟

廣東佛山一帶的元宵節民俗活動，人們拿着風車和生菜走過通濟橋，祈求來年平安順利。

## 佛山剪紙

剪紙手法分為剪和刻兩大類，剪紙內容多以喜慶、吉祥等為主題。

# 美麗的羊城——廣州

廣州位於珠江三角洲，土地平坦肥沃，航運便利，發展較早，擁有深厚的歷史底蘊。傳說曾有五位騎着五色羊的仙人帶着飽滿的稻穗來到這裏，所以廣州又有「穗城」和「羊城」的稱號。

**木棉花**

廣州的市花。木棉樹能長到 20 多米高。

**迎春花市**

廣州氣候温暖，降水量大，一年四季鮮花盛開，每年春節前的迎春花市都熱鬧非凡。

**五羊石像**

廣州的標誌性雕塑之一。

**廣州聖心大教堂**

雙尖塔式教堂，因其全部用花崗石砌成，所以又被稱為「石室」。

## 邊走邊看真熱鬧

北京路步行街是廣州最繁華的商業街之一。這裏有琳瑯滿目的商品，還有各式各樣的廣州小吃。人們如果走累了，可以在路兩旁的騎樓下休息。

**廣州騎樓**

一種外廊式建築，其底層向裏縮進，使馬路兩邊各形成一條人行走廊。行人在騎樓的廊下不必擔心日曬雨淋，馬路空間也得到了充分利用。

服裝商場

美食城

京路

廣州小吃

茶樓

## 六榕古剎鐘聲遠

六榕寺是廣州著名的佛教古寺。蘇東坡曾因寺內種有六株古榕而題字「六榕」，該寺由此改稱「六榕寺」。

**吊鐘**

六榕寺內的花塔每層有八個簷角，每個簷角上都掛着精緻的吊鐘。

## 又高又細的「小蠻腰」

廣州塔是廣州的一座標誌性建築，因其獨特的「纖纖細腰」造型而被稱作「小蠻腰」。白天，廣州塔是登高望遠的佳處；晚上，絢麗的燈光將廣州塔裝點得分外美麗。

**懸空走廊**

塔內有兩處懸空走廊，採用全透明鋼化玻璃構造。你敢來挑戰一下嗎？

## 羊城第一秀——白雲山

白雲山位於廣州東北部，森林覆蓋率高，茂密的森林每天都會釋放大量氧氣，因此被稱為廣州的「市肺」。

**摩天輪**

廣州塔上的摩天輪是橫向運轉的摩天輪，球身採用全透明材質，觀景效果極佳。

# 活力四射的深圳

深圳是廣東南部的一座海濱城市，南臨香港，是中國第一個經濟特區。從幾十年前的小漁村到今天的現代化國際大都市，「深圳速度」舉世矚目，吸引着各地的人們來感受這座城市的獨特魅力。

深圳動漫節是深圳的大型動漫系列活動，深受動漫愛好者的喜愛。

福田區有許多摩天大樓，霓虹燈閃爍的夜景是深圳一道亮麗的風景線。

## 現代化的大都市

深圳是一座新興的現代化城市，以出口加工工業和旅遊業為主。從先進的電子設備到超酷的動漫展覽，很多年輕人喜歡的東西都能在這裏找到。

## 休閒放鬆的好去處

　　深圳雖然是一座生活節奏很快的都市，但也有很多可以休閒放鬆的好去處。在錦繡中華主題公園裏欣賞祖國的大好河山，在大梅沙海濱公園曬曬太陽，多麼悠閒的一天！

錦繡中華主題公園是一座文化主題公園，園內有許多中國著名景點的微縮模型，可以讓你「一天走遍中國」。

駕駛着摩托艇，體驗在海面上自由「飛翔」的感覺。

大梅沙海濱公園位於大鵬灣畔，三面環山，一面臨海，充滿迷人的亞熱帶海濱風情。

# 中國近現代革命的策源地

廣東位於南海航運樞紐位置，戰略地位重要。同時，廣東也是各種新思想傳入中國的「窗口」，在中國近現代民主革命中發揮了重要作用。

中山紀念堂裏有一棵樹齡 300 多年的木棉。

## 孫中山與辛亥革命

孫中山是中國近代民主革命家，出生在廣東。他領導的辛亥革命結束了中國長達兩千多年的封建君主專制制度，產生了深遠的影響。人們在廣州修建了中山紀念堂來紀念這位偉人。

中山紀念堂平面呈八角形，高 49 米，採用鋼架和鋼筋混凝土結構。

天下為公

# 海防重地——大鵬所城

　　大鵬所城建於明代，是明清時期中國南部的海防軍事要塞，主要作用是抵禦海盜和倭寇的滋擾。在大鵬所城中，城牆、將軍府邸、糧倉等建築都保存完好。

在門樓上瞭望敵情的士兵雕像。

軍隊糧倉

將軍府邸

9

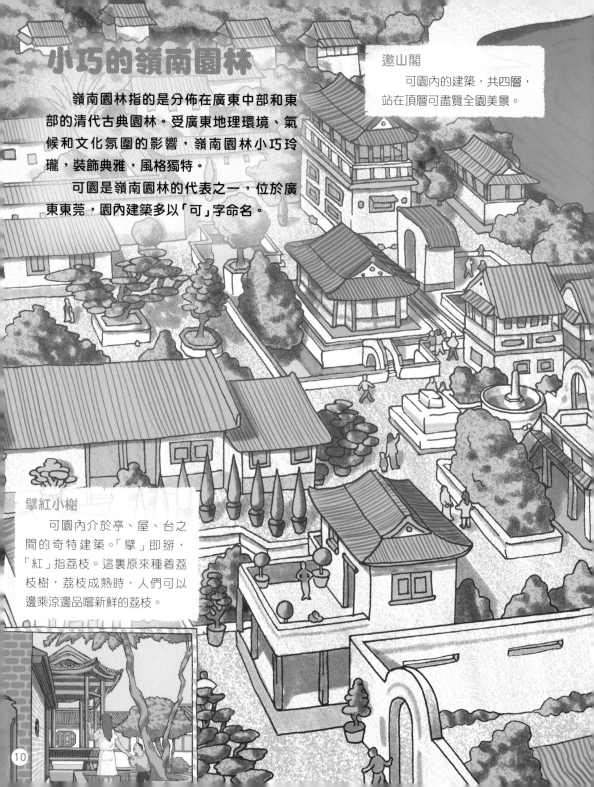

# 小巧的嶺南園林

　　嶺南園林指的是分佈在廣東中部和東部的清代古典園林。受廣東地理環境、氣候和文化氛圍的影響，嶺南園林小巧玲瓏，裝飾典雅，風格獨特。

　　可園是嶺南園林的代表之一，位於廣東東莞，園內建築多以「可」字命名。

**邀山閣**

　　可園內的建築，共四層，站在頂層可盡覽全園美景。

**擘紅小榭**

　　可園內介於亭、屋、台之間的奇特建築。「擘」即掰，「紅」指荔枝。這裏原來種着荔枝樹，荔枝成熟時，人們可以邊乘涼邊品嚐新鮮的荔枝。

除了可園以外，清暉園、餘蔭山房和梁園也是嶺南園林的代表。

**清暉園**

清暉園中大量採用落地式屏門，並使用彩色玻璃鑲嵌櫺格，美觀大方，玲瓏通透。

**可亭**

位於可湖中央。在可亭上，人們可以欣賞湖光美景和湖中魚兒，沐浴在清涼的微風中，十分愜意。

**可堂**

可園的主體建築，坐北朝南，為園主舉行宴會的地方。

**餘蔭山房**

餘蔭山房中有豐富的磚雕、木雕、灰雕、石雕等雕刻作品，盡顯名園古雅之風。

**梁園**

梁園中，大小奇石千姿百態，設置巧妙，在嶺南園林中獨樹一幟。

# 舌尖上的廣東

粵菜，是中國八大菜系之一，名揚海內外。粵菜食材多樣，烹調手法考究，口味清淡，菜品注重創新。

## 早茶開啟好心情

粵式早茶包括茶水和點心，品種多樣，非常精緻。在廣東，吃早茶不僅是為了飽腹，而且是一種交際。悠閒地吃完一頓早茶，開啟一天的好心情。

燒賣

流沙包

小籠包

1. 馬蹄糕　2. 廣式蛋撻　3. 椰子奶凍　4. 叉燒包　5. 豬仔奶黃包
6. 核桃包　7. 醬油雞　8. 沙溪扣肉　9. 艇仔粥　10. 馬拉糕

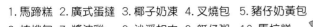

**街頭巷尾吃不停**

## 老火湯的魅力

　　老火湯是用慢火煲煮的湯，火候足，時間長。廣東人喜歡喝老火湯與廣東的氣候有關。人們在不同的時節選擇不同的食材，煲出的湯也有不同的功效。

**潮汕牛肉丸**

　　通常來說，最正宗的潮汕牛肉丸需要用專用的錘子製作而成，很有嚼勁。

**荔枝菌**

　　通常生長在荔枝樹下，味道鮮美，被稱為「嶺南菌王」。

靈芝　白果　荷葉　五指毛桃　黨參　木棉花　海底椰　無花果乾

　　這些食材都能用來煲湯，你想不想試一試？

# 走，逛廟會去

「波羅誕」是祭祀南海神的傳統民間信仰習俗，在廣州的南海神廟舉辦。人們從四面八方趕來慶祝傳說中的南海神的生日，逛廟會，買波羅雞，吃波羅粽……熱鬧極了！

## 祭祀南海神

相傳，南海神能保佑人們在海上的航行平安順利，所以受到人們的尊崇。每年的波羅誕廟會，人們都會祭祀南海神，用各種精彩表演來表達對南海神的感謝和敬畏。

### 波羅粽

可甜可鹹，最大的特點是用芭蕉葉做粽葉。波羅粽做得結實，煮熟後可切片吃。

### 波羅雞

波羅雞不是真的雞，而是一種工藝品。波羅雞是吉祥如意的象徵，很受人們喜愛。

### 鑊耳屋

嶺南傳統民居的代表，由於房屋的山牆砌成鑊耳狀而得名。據說「鑊耳屋」蘊含着富貴吉祥、豐衣足食的寓意。

### 南海神廟

南海神廟建於隋代，廟內種着高大的波羅樹，因而又叫「波羅廟」。相傳波羅樹的種子是一位來自天竺屬國波羅的使者帶來的。

### 花朝節

舊俗以農曆二月十五日為百花生日，故此日被稱為「花朝節」。

### 五子朝王

農曆二月十三是南海神的生日。傳說南海神有五個兒子，這天，人們會把五子的神像抬到南海神廟中為南海神祝壽。

# 漫畫嶺南英傑

嶺南指中國五嶺以南地區。嶺南大地上不僅有名山大川，而且湧現了很多名人志士。

## 「中國鐵路之父」—— 詹天佑

詹天佑是中國近代一位傑出的鐵路工程師，他主持修建了中國自建的第一條鐵路——京張鐵路（今京包線北京至張家口段）。在鐵路修建過程中，詹天佑帶領大家克服了很多技術難題，比如，利用「之」字形線路減少工程量，利用「豎井施工法」開挖隧道等。

① 詹天佑畢業於耶魯大學土木工程系。據說，他曾在學校組織過「中華棒球隊」。

② 在修建京張鐵路過程中，為了尋找一條合適的路線，詹天佑向當地的村民諮詢相關問題。

③ 背着沉重的設備翻山越嶺是家常便飯。

④ 為了確保萬無一失，有些技術人員測量過的地點，詹天佑還要複勘一次。

⑤ 他回到住處依然不能休息，還要進行大量的繪圖和計算。

⑥ 詹天佑常常和工人們一起工作。

⑦ 我們終於有自己的鐵路了！

## 海軍忠魂 —— 鄧世昌

鄧世昌是中國清末北洋海軍愛國將領，在甲午戰爭的黃海海戰中，他指揮「致遠」艦英勇殺敵，最後壯烈犧牲。

### 寶刀不老，豪氣猶存

晚清名將馮子材在年近 70 歲高齡時臨危受命，在中法戰爭中，率軍在鎮南關（今友誼關）、諒山大敗法軍。

## 嶺南多才俊

除了前面提到的，嶺南還有許多傑出的人才。

**馮如**

中國第一位飛機設計師和飛行家。

**陳垣**

中國傑出的歷史學家和教育家。

**高劍父**

中國畫家、美術教育家，嶺南畫派創始人之一。

# 八桂大地——廣西

首府：南寧
人口：約 4960 萬
面積：約 24 萬平方公里

廣西壯族自治區，簡稱桂，位於中國南部。秀麗的山水風光和多彩的民族風情賦予了廣西獨特的魅力。

**白頭葉猴**
中國特有的物種，生活在懸崖峭壁的山岩洞石隙內。

**地形地貌**
境內地形呈盆地狀，地貌類型多樣，喀斯特地貌分佈廣、發育典型。

**氣候**
亞熱帶季風氣候，雨熱同期。

**自然資源**
有色金屬資源、水能資源和動植物資源豐富。

**壯錦**
壯族的傳統手工織錦，色彩鮮明，圖案別致。

**黑衣壯**
壯族的一個分支，傳統服飾以黑色為主調，主要居住在那坡縣。

**德保矮馬**
德保縣的名貴馬種，身材矮小，性情溫順。

**板鞋競速**
一項在廣西少數民族中較為盛行的民族傳統體育項目。

**「長壽之鄉」**
巴馬的長壽老人比例很高，曾被評為中國的「長壽之鄉」。

**簸箕宴**
將壯族傳統的食物和土家美食放到一個簸箕中，形成一個美食組合。

## 金花茶

分佈在廣西南部，金黃色的花朵十分美麗，種子可以榨油。

## 柳侯祠

唐代文學家、哲學家柳宗元在柳州做官時政績顯著，人們為了感謝他，修建了柳侯祠。

## 打磨秋

彝族的一種傳統體育活動，打磨秋技術高者可做出許多優美驚險的動作。

德天瀑布位於中國與越南邊境線上，是一條壯觀的跨國瀑布。瀑布水聲震天，氣勢磅礴，蔚為壯觀，吸引許多遊人前來觀看。

## 陽朔西街

桂林陽朔的一條老街，古香古色的建築吸引了很多中外遊客。

## 真武閣

建於明代，屬於道教建築。真武閣為木造建築，佈局精巧，風格特異。

曉晴：

我去看了花山岩畫，岩壁上畫了許多紅色的小人，據說是很久以前的人畫的。爸爸說可能是先民們祭祀活動儀式的記錄。

子謙

# 南寧——半城綠樹半城樓

南寧是廣西的首府，一年四季綠樹成蔭，有「綠城」的稱號。作為中國—東盟博覽會的舉辦地，南寧是一座環境舒適、人文氣息濃厚的城市。

## 美麗的青秀山

青秀山林木青翠，山勢秀拔。青秀山風景區中有千年蘇鐵園、棕櫚園和雨林大觀等觀賞區。

青秀山蘭園
各式各樣的蘭花競相開放。

## 米粉也有博物館

廣西的主要糧食作物是水稻，當地人因地制宜，用稻米做出各種美食，其中最有名的就是米粉。南寧甚至有一座米粉博物館，在這裏你能了解到米粉的歷史和廣西各地的特色米粉，還能親自體驗米粉的製作過程。

### 米粉是這樣做出來的

① 大米磨成米漿。

② 米漿倒入方盤蒸製。

③ 蒸熟的米粉切成條狀。

④ 將條狀的米粉放入沸水鍋中大約一分鐘，然後撈出。米粉就做成了。

### 「電動車之城」

南寧冬天也不是很冷，很多人選擇騎電動車出行。駕駛電動車時一定要遵守交通規則，否則可能被警察叔叔攔下。

### 舊廠房的新面貌

據說，南寧絹麻紡織印染廠曾利用絹紡工藝生產苧麻混紡產品，是全國六大苧麻紡織廠之一。曾經的舊廠房經過設計和翻新之後，搖身一變成了創意街區。

### 了解「東盟」的窗口

南寧方特東盟神畫樂園是一座展示「東盟」十個成員國自然、歷史和文化的主題樂園。在這裏，你既可以體驗有趣的遊樂項目，又能夠領略異國風情。

# 桂林山水甲天下

桂林位於廣西東北部，西江支流桂江的上游。這裏氣候濕熱多雨，石灰岩廣佈，形成了典型的喀斯特地貌。境內灕江沿岸風景秀麗，有「桂林山水甲天下」之譽。

## 灕江山水美如畫

灕江又稱「灕水」，江水清澈，兩岸奇峯重疊，風景秀麗。唐代文學家韓愈曾用「江作青羅帶，山如碧玉簪」的詩句讚美灕江。

### 羅漢果

果實可以入藥，有清肺、祛痰等功效，產於廣西、廣東、江西、貴州等地。

### 黃布倒影

灕江黃布灘江面開闊，江水清澈，倒映兩岸山峯，因此有「黃布倒影」一景。「黃布倒影」被印在了 20 元人民幣的背面。

### 鸕鷀

已被馴化的鸕鷀是漁民捕魚時的好幫手。

## 可以爬的瀑布

桂林古東瀑布是由地下湧泉匯集形成的多級串連瀑布。你可以像爬山一樣攀爬瀑布，不過要小心腳下濕滑的岩石。

## 九馬畫山

江邊的天然壁畫，據說，仔細端詳能看出九匹動作各異的駿馬。

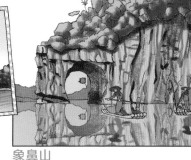

## 象鼻山

在灕江、桃花江匯流處，因為山體酷似一頭伸鼻吸水的大象而得名。

## 來古鎮小巷走一走

興坪古鎮位於灕江江畔，這裏的古街、古橋、古戲台、古廟都較好地保持了原有的風貌。

## 桂林米粉

桂林傳統小吃。

## 閱盡王城知桂林

靖江王城建於明代，位於桂林市中心。王城內的獨秀峯上有許多石刻，其中一塊刻有「桂林山水甲天下」這一名句。

# 三月三，唱山歌

壯族三月三又稱歌節、歌仙節。每年農曆三月初三，青年男女穿着盛裝趕赴三月三歌會。廣西為此設立了專門的假期，方便大家盡情慶祝。

## 干欄

壯族的一種傳統民居，一般分兩層，上層住人，下層堆放物品等。

## 「歌仙」劉三姐

劉三姐是壯族民間傳說中的人物，她聰慧機敏，歌聲優美動人。三月三歌節就是為紀念劉三姐而設的節日。

## 拋繡球

姑娘在對歌中看中了哪個小伙子，就把手中的繡球拋給他。

## 五色糯米飯

人們用不同植物的汁液浸泡糯米，做成的五色糯米飯好看又好吃。

## 碰紅蛋

在歌圩上，青年男女若遇上了意中人，當歌唱到時機成熟，雙方就會互相碰紅蛋。

## 唱山歌

壯族人民擅長唱歌，平日裏會定期舉行歌會。歌會也叫歌圩，三月三的歌圩更加盛大。

## 搶花炮

壯族的一項傳統體育活動，有「東方橄欖球」之稱，深受壯族民眾喜愛。

花炮是一個膠質圓餅。

## 壯族打扁擔

又稱壯族扁擔舞，表演者圍着舂米木槽或長凳，用扁擔上下左右互相擊打，邊打邊唱邊舞，模擬勞動過程中的一些動作、姿勢。

# 海濱小城——北海

北海市位於廣西南部，瀕臨北部灣，市內有銀灘、潿洲島，還有茂盛的紅樹林，是一座美麗的海濱小城。

### 銀灘好風光

銀灘是北海的著名景點之一。這裏沙灘平坦寬闊，沙子潔白細膩，海浪輕柔舒緩，非常適合休閒遊玩和水上運動。

### 「海上森林」

紅樹林生長在熱帶、亞熱帶的海岸，由多種植物組成，以紅樹科植物為主。紅樹林十分適應鹽土，具有防浪護堤的作用。

### 潿洲島

位於北海市南邊的北部灣。在這裏，人們能看到美麗的珊瑚礁和奇特的海蝕地貌。

### 沙蟲

有時候，人們可以在退潮後的沙灘上找到沙蟲的小洞，挖到沙蟲。

### 沙雕

北海有時會舉辦沙雕大賽，吸引眾多遊客前來觀賞參加大賽的沙雕作品。

## 穿越海底隧道

在北海海底世界景區的海底隧道中，你可以透過玻璃近距離觀賞海洋生物，還有機會看到潛水員和魚兒一起玩耍的精彩場面。

海底隧道全部使用特殊玻璃製造，可以承受巨大的水壓。

因為玻璃是有弧度的，所以我們看到的景物比實際要小。

# 壯族的「那」文化

壯族是中國歷史上較早種植水稻的民族之一，擁有豐富的水稻耕作經驗。壯族同胞稱水稻田為「那」，「那」文化即壯族的稻作文化。

這捆稻子的稻穀最飽滿，割下來留作稻種。

**嚐新節**

每年農曆七八月稻穀成熟時，壯族同胞會舉行嚐新節，家家戶戶都會品嚐新米飯。

**換工**

在耕作中，壯族同胞常常共同勞作，互相幫助，這種勞動形式被稱為「換工」。

**龍脊梯田**

　　層層疊疊的梯田整齊
有序地分佈在龍勝境內，
龍脊梯田被稱為「掛在天
邊的風景」。

**打穀**

　　拍打稻穗，可以
把稻穀拍下來。

# 程陽八寨歡迎你

程陽八寨景觀村位於三江侗族自治縣，包含八個村寨。在景區，你可以欣賞侗族精妙絕倫的木結構建築藝術，了解古樸的民居生活等，還會有熱情好客的侗族朋友和你一起吃飯、跳舞！

## 能遮風避雨的橋

程陽風雨橋因橋上有可避風雨的樓亭、走廊而得名，是侗族建築藝術的傑作。該橋橋身為廊屋式木結構，整座橋僅用榫卯接合。

### 優秀的建築師

侗族同胞對於建築十分擅長。據說，傳統的侗族工匠不需要圖紙，僅憑標尺和獨特的設計標註，就能用工具和材料打造出造型美觀的建築。

穿着傳統服裝的侗族朋友在程陽風雨橋上排成兩列，歡迎遠方的來客。

### 油菜

油菜是中國重要的油料作物之一，其種子可以榨油。

**鼓樓**

　　侗族的一種公共建築，既是侗族村寨象徵性的建築，也是公共活動的場所。

## 吃百家宴，納百家福

　　百家宴也叫「長桌宴」，是侗族地區集體待客的最高禮儀。全寨人都來到鼓樓前擺開長桌，端上自家做的拿手菜。人們可以從第一桌吃到最後一桌。

　　熱情的侗族朋友經常用自家釀的米酒招待客人，伴隨着侗族的敬酒歌向客人敬酒，賓主盡歡。

### 跳起舞來唱起歌

　　吃完百家宴，人們圍成圈，一邊唱歌一邊跳舞。侗族大歌是侗族民歌的一種，曲調悠揚婉轉。

# 美麗瓊島——海南

省會：海口
人口：約 945 萬
陸地面積：約 3.4 萬平方公里

海南省，簡稱瓊，位於中國最南部，包括海南島、西沙羣島、南沙羣島、中沙羣島的島礁及其海域。椰林、海風、沙灘……在海南，到處都充滿了迷人的熱帶海島風情。

### 洗夫人文化節

南朝、隋初嶺南俚族首領。海南很多地方會定期舉行活動紀念洗夫人。

### 五指山

五指山主峯是海南最高的山峯，山上森林密佈，生活着許多珍貴的動物。

### 萬泉河

中國海南島第三大河流，有兩個源頭，南源出於五指山東，北源出於黎母嶺南，最後入南海。

曉晴：

我昨天參觀了文昌衛星發射場，還吃到了好多新鮮的熱帶水果和海鮮。爸爸買了一個乳膠枕頭，枕上去好舒服！

子謙

### 黎族傳統紡染織繡技藝

黎族的一種傳統手工技藝，所使用的踞腰織機是一種非常古老的織機。

### 東坡笠

海南斗笠的一種，用竹篾編成，可以遮雨遮陽。

### 黎族打柴舞

黎族民間具有代表性的舞種之一。據說，它起源於古崖州地區（今海南三亞）黎族的喪葬習俗。

## 海鮮市場

海南街頭有許多海鮮市場，售賣的海鮮多樣、新鮮。

## 泥條盤築法

黎族原始製陶技藝的一種，具有製陶工具簡單等特點。

## 地形地貌

境內地形以山地和台地為主，山地、丘陵、台地及平原依次呈環狀分佈。

## 氣候

熱帶季風氣候，日照時數多，全年無冬，雨水充沛。

## 自然資源

擁有豐富的熱帶生物資源，石油、天然氣、銅等資源也很豐富。

## 和樂蟹

萬寧的特產之一，膏滿肉肥，鮮香味美。

鳳凰島是一座人工島，位於三亞灣度假區「陽光海岸」的核心區，由一座跨海大橋與三亞市區相連。島上有國際郵輪港和星級酒店等設施。

## 東山羊

萬寧的特產之一，和北方羊肉相比，羶味較少，很受歡迎。

## 黎族船形屋

黎族的一種傳統民居，因外形像一隻篷船而得名。

# 坐着高鐵遊海南

海南環島高鐵是海南境內的高速鐵路，途經許多著名城市和有趣的景點。你想體驗一次坐在高鐵上的海南環島遊嗎？馬上出發吧！

## 📍 萬寧

萬寧的日月灣海水清澈，海浪綿長有力，是中國著名的衝浪勝地之一，這裏經常舉辦衝浪賽事。

## 📍 臨高

臨高木偶戲是一種傳統戲曲劇種。表演時人與木偶同時登台，非常有特色。

## 📍 文昌

文昌的椰子產量約佔海南的一半。著名的「文昌雞」「文昌豬」都是文昌的特產。

## 📍 海口

海口世紀大橋造型新奇，雄偉壯觀，是海口的一座標誌性建築。

## 陵水

陵水的新村港內生活着許多「疍家人」，他們在海面的漁排上搭建木屋，在網箱中養殖水產，過着「以海為家」的生活。

南灣猴島位於陵水南部，這裏生活着許多獼猴。

## 瓊海

嘉積鴨是瓊海特產之一，皮薄，脂肪少，吃起來肥而不膩，十分美味。

博鰲亞洲論壇總部的永久性會址就設在瓊海。

## 福山鎮

澄邁縣的福山鎮是海南較早種植咖啡的地區之一，這裏的土壤、水與氣候使福山咖啡具有獨特的風味。

## 世界上第一條環島高鐵

海南環島高鐵是世界上第一條環島高鐵。人們乘坐海南環島高鐵，可以實現 3 小時繞島旅行。

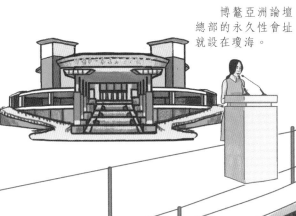

石頭屋

這裏的房屋都是用石頭壘成的，做工精良，古樸精緻。

# 千年古鹽田

　　千年古鹽田位於海南的洋浦半島上，是當地鹽工曬鹽的地方。鹽工根據當地特點，使用「板曬法」的曬鹽工藝，這種曬鹽方法有很悠久的歷史。

鹽焗蛋

　　鹽田上的一種特色美食。

**小漁船**

人們出海打魚的一種重要工具。

## 古老的曬鹽技藝

**① 納潮**

漲潮時，讓海水流入鹽地，浸泡沙泥。

**② 曬泥**

退潮後，用木耙將鹽泥耙鬆、曬乾。

**③ 制鹵**

將曬乾後的鹽泥耙成一堆，放進鋪有蘆葦和稻草的過濾池裏，用腳踏實，澆海水沖洗過濾，留下含鹽量很高的飽和鹵水。

**④ 結晶**

將沉澱澄清後的鹵水倒進石鹽槽，經過半天的風吹日曬，結晶後就變成了雪白的鹽巴。

**仙人掌**

鹽田裏長了很多生命力頑強的仙人掌，它的果實也是一種可口的水果。

# 度假天堂——三亞

三亞位於海南島南部，被稱為「東方夏威夷」。想度個假嗎？來三亞沐浴和煦的陽光，漫步於廣闊的沙灘，品嚐美味的海鮮吧！

## 漫步森林

在亞龍灣熱帶天堂森林旅遊區內，你可以登高望遠，在生機勃勃的熱帶雨林中深呼吸，盡情地與大自然親密接觸。

## 「天下第一灣」—— 亞龍灣

亞龍灣是一個月牙形的港灣，這裏的海水清澈透明，溫度適宜，一年四季都適宜開展各種水上運動，被譽為「天下第一灣」。買一杯清補涼，躺在遮陽傘下，盡情地享受假期吧！

## 水上飛人

一種驚險刺激的水上運動，有很多高難度動作。

## 清補涼

在煮熟冷卻後的綠豆、薏米等食材中加入新鮮的椰汁、椰肉等食材，再加入冰塊，就是一碗帶有海南特色的清補涼。

## 天之涯，海之角

天涯海角是海南島的著名一景。那裏聳立着很多巨石，石羣中有「天涯」和「海角」等題刻。古時交通閉塞，人跡罕至，歷代被流放至此的人，望之海角似盡頭，觀之天涯關山隘，故歎為「天涯海角」。

## 壯觀的海上觀音聖像

三亞南山文化旅遊區內的海上觀音聖像高 108 米，一體化三尊造型，十分壯觀。

## 鹿回頭公園

鹿回頭公園坐落在鹿回頭半島上，是登高望海和觀看日出日落的佳處，在這裏還可以俯瞰三亞全景。公園內立着根據黎族傳說創作的《鹿回頭》雕塑。

## 美麗的傳說

傳說古代有一位黎族青年獵手追逐一隻坡鹿，正要彎弓搭箭時，坡鹿回過頭，變成了一位美麗的少女。二人情投意合，結為夫妻，過上了幸福的日子。

# 絢麗多姿的海洋世界

　　南海是中國近海中面積最大、水最深的海區，蘊含着豐富的石油等自然資源，也是珊瑚、海龜等多種海洋生物的家園。如果潛入水下，你會發現多姿多彩的海洋世界一點也不遜色於水面上的海島風光。

**水母**

　　一種海洋浮游動物，有些水母有劇毒，要小心！

**水肺潛水**

　　潛水員隨身攜帶用於呼吸的設備潛水，可以下潛到很深的地方。

**海星**

　　身體扁平，大多數海星呈星星狀，嘴巴長在身體下邊中央。

**章魚**

　　高超的「偽裝大師」，可以根據周圍環境改變自身的顏色。

**海膽**

　　硬體部分主要包括膽殼和棘，膽殼呈球形、盤形、心形或卵形。

**赤魟**
身體扁平，
尾巴上有毒刺。

**蝴蝶魚**
大部分蝴蝶魚顏色亮麗，行動迅速，受到驚嚇會立即鑽進珊瑚礁或岩石的縫隙裏。

**海葵**
看上去像花朵一樣，
但牠們其實是一種動物，
長有觸手。

**海龜**
動物中的「老壽星」，體長可達1米多，背面是棕褐色或暗綠色，腹面是黃色。

**珊瑚礁**
有海底「熱帶雨林」之稱，是許多海洋生物的家園。由於氣候變化和過度捕撈，珊瑚礁正在退化，亟需保護。

# 「呀諾達」歡迎你

海南島地處熱帶，一年四季熱量充足，降水豐沛，島上分佈着葱葱鬱鬱的熱帶雨林。在呀諾達雨林文化旅遊區，你能近距離接觸熱帶雨林，領略大自然的魅力。

## 絞殺植物

熱帶雨林中介於附生與獨立生活習性之間的一類植物。由於其氣生根包圍着所依附的喬木主幹，常常絞殺它，故名。

## 「呀諾達」

「呀諾達」在海南本地方言中表示一、二、三的意思。

## 重要的熱帶雨林

熱帶雨林是指熱帶潮濕地區高大茂密而常綠的森林類型，由沒有禦寒和抗旱能力的樹種組成。熱帶雨林被譽為「地球之肺」和獨一無二的生物多樣性寶庫，是應該保護的重要資源。

## 板狀根

在熱帶雨林中，一些木本植物所特有的板狀不定根。

## 變色樹蜥

可以隨着環境乾濕和光線強弱改變體色。

根抱石

　　某些樹木在生長過程中，樹根把石塊緊緊包住，形成「根抱石」現象。

幸福天道

　　名為「幸福天道」的吊橋兩旁掛滿了遊客們的許願牌。

　　在萌寵科普樂園，你可以與羊駝、鸚鵡等可愛的動物親密接觸，了解牠們的生活習性。

兔豚鼠

豪豬

# 椰子渾身都是寶

海南種植椰子有很悠久的歷史，幾乎隨處可以看到高大筆挺的椰子樹，文昌更是憑藉巨大的椰子產量獲得了「海南椰鄉」的美名。有人說「椰子渾身上下都是寶」，你知道它有哪些用途嗎？

## 椰子怎麼摘

專業人士能借助特製的腳圈和保護繩爬到高高的椰子樹上，把椰子繫在繩子上放下去。有些高手甚至可以徒手摘椰子。

## 椰子會砸到我嗎

海南的很多城市都會組織人員及時修剪道路兩旁椰子樹的枯葉，採摘成熟的果實。不過，為了安全起見，還是避免在椰子樹下停留太久吧。

別看我是隻螃蟹，我可是爬樹高手，再硬的椰子殼也比不上我的大鉗子！

### 椰子蟹

椰子蟹常爬到椰子樹上，取食椰子；繁殖季節回到近海。

繩子

椰雕

## 椰子樹有大用途

椰子樹和椰子能製成許多生活用品。仔細找一找，也許你身邊就藏着它們的身影！

牀墊

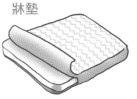

香皂

桌椅

刷子

**卡曼賈**

一種樂器，流行於西亞地區，共鳴體可以用椰子殼或木頭製成。

房屋

**椰子片**

烘烤後的椰子片香脆可口。

**椰奶**

由椰肉製成，不含牛奶。

**椰子水**

## 一個椰子有多少種吃法

沒完全成熟的椰子裏充滿了甜絲絲的椰子水，用來燉雞十分鮮美。成熟椰子的果肉可以做成香噴噴的椰蓉，還能榨成椰奶。在椰子殼裏加入糯米蒸熟就成了椰子飯，營養又美味。

**椰果**

奶茶中的椰果並不是椰肉，而是用椰子水發酵製成的。

**椰子雞**

海南的一道特色菜，用椰子水燉的雞湯非常鮮美。

# 火車能渡海嗎

　　火車是在軌道上行駛的車輛，可你見過渡海的火車嗎？粵海鐵路通道跨越了廣東和海南之間的瓊州海峽，是中國第一條跨海鐵路。

　　火車還是普通的火車，只不過它是「坐船」渡過海峽的，這種交通方式被稱為「火車輪渡」。渡輪能運送火車、汽車和乘客，有些渡輪上還能起降直升機。

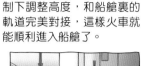

② 鐵路棧橋在液壓設備的控制下調整高度，和船艙裏的軌道完美對接，這樣火車就能順利進入船艙了。

① 火車到達輪渡站後被分成幾截，在專調機車的牽引下來到鐵路棧橋。

③ 火車在大船「肚子」裏亂跑怎麼行？要用支撐器把它們牢牢固定在船艙裏。

### 為甚麼不修跨海大橋

　　瓊州海峽海底地形複雜，且夏季多強風暴雨天氣，施工難度高。

## 載着火車的渡輪出發啦！